PROJET DE L'EXPLOITATION AGRICOLE

DU DOMAINE

D'ORMAN-ABOU-BALLAH

Près Ismaïlia (Égypte)

PENDANT LES 12 ANNÉES DE BAIL

Par M. J. BREGANTE

PARIS

IMPRIMERIE BREVETÉE A. MICHELS

PASSAGE DU CAIRE, 8 ET 10

Usine à vapeur A. Michels, impasse de la Grosse-Tête, 5 et 7

1885

DU DOMAINE

D'ORMAN-ABOU-BALLAH

Près Ismaïlia (Égypte)

PENDANT LES 12 ANNÉES DE BAIL

PAR M. J. BREGANTE

BAIL DE LOCATION

Suivant acte sous signatures privées, en date, au Caire, du premier février mil huit cent quatre-vingt-trois, passé entre la Daïra Sanieh, représentée par Son Excellence Khalil Pacha Yeguen, son directeur général, d'une part ;

Et M. Jean Bregante, soussigné, d'autre part ;

La Daïra Sanieh a donné à fermage à M. Bregante, qui a accepté, le domaine appartenant à la Daïra, connu sous le nom de Orman-Abou-Ballah, avec tous les terrains administrativement rattachés à ce centre d'exploitation, sauf les terrains bâtis et à bâtir dans la ville de Suez ; le tout d'une surface approximative de 4,000 feddans, suivant les délimitations consignées au registre d'hypothèque déposé au tribunal et inscrites au hodget, sans garantie de la part de la Daïra, pour une surface de plus de 4,000 feddans, et ce, aux conditions suivantes :

ARTICLE PREMIER. — Le domaine sus-énoncé est affermé à M. Bregante tel qu'il se trouve actuellement, avec toutes les constructions, matériel agricole, arbres et bestiaux y existant : au moment de la consignation au fermier et de sa mise en possession, un inventaire descriptif et estimatif des constructions, matériel agricole, arbres et bestiaux, sera dressé en double original par un ou deux experts, agréés par les parties, et signé, d'une part par un délégué de la Daïra, et, d'autre part, par M. Bregante.

A la fin du fermage, on procédera, également par le ministère d'experts agréés par les parties, à un inventaire descriptif et estimatif des constructions, matériel agricole, canaux et autres travaux d'utilité générale, des arbres et bestiaux qui se trouveront dans ledit domaine, et, dans le cas où l'estimation donnerait une somme inférieure à celle que donnera l'inventaire de la mise en possession, M. Bregante devra en rembourser la différence au comptant ; dans le cas d'excédent, on devra se conformer à ce qui sera prescrit à l'article 2 du présent contrat.

Art. 2. — Ce fermage est fait pour douze années, à partir du 1er février 1883 jusqu'au 31 janvier 1895. A la fin de cette période, si les parties s'entendent, le fermage sera renouvelé pour une deuxième période de douze années ; il est convenu néanmoins, dès à présent, que, dans le cas où le fermage aurait fin au 31 janvier 1895, l'excédent dans la valeur des constructions, canaux et autres travaux d'utilité générale, matériel agricole, arbres et bestiaux, prévu à l'article qui précède, ne sera payé à M. Bregante, par la Daïra, qu'en raison de la moitié de son prix d'estimation ; dans le cas d'une prolongation du fermage pour une seconde période de douze années, tout excédent restera au profit de la Daïra, sans que M. Bregante puisse réclamer quoi que ce soit à la Daïra pour ce chef.

Art. 3. — Le prix du fermage est fixé à la somme annuelle de 2,000 livres égyptiennes, payable par semestres anticipés, soit 1,000 livres au 1er janvier de chaque année et 1,000 livres au 1er juillet. Cependant, pour la première année, le paiement du prix de location sera payé comme suit : 1,000 livres à la signature du contrat et 1,000 livres au 1er août 1883.

Art. 4. — Le fermier devra effectuer le paiement du prix du fermage aux époques fixées, sans pouvoir en aucun cas et pour n'importe quelle cause demander un délai, même dans le cas où il aurait ou croirait avoir des réclamations ou des compensations à faire valoir contre la Daïra, il ne pourra pas, pour cela, retarder le payement du prix de location aux époques fixées; mais il sera tenu de le verser sous réserve de tous droits et actions à faire valoir contre la Daïra, déclarant le locataire renoncer dès à présent à toute exception de droit commun qui serait en opposition avec la teneur de la présente stipulation.

Art. 5. — Les relations que M. Bregante pourra avoir avec des tiers, ne pourront jamais modifier ou toucher ses rapports avec la Daïra; en conséquence, la Daïra ne reconnaîtra que M. Bregante seul, pour le payement des prix de fermage et pour tout ce qui peut avoir trait à l'inventaire et estimation prévus aux articles 1er et 2e; de même, comme la Daïra, dans le cas de retard dans le payement du prix de fermage, aura droit d'exécuter sur les récoltes du domaine. Ce droit ne pourra lui être contesté par qui que ce soit, sous prétexte de rapports de Société contractés avec M. Bregante, ou sous d'autres prétextes.

Art. 6. — Outre le payement du prix des 2,000 livres par année, M. Bregante devra, à partir du 1er février 1883, et pour toute la durée de la location, payer directement à l'État les impôts et toutes autres charges qui pourraient grever le domaine. Il devra également payer le traitement du personnel qu'il croira devoir retenir pour l'exploitation du domaine.

Art. 7. — A partir du 1er février 1883, M. Bregante se substitue et se subroge à la Daïra pour tous les droits et toutes les charges du domaine susénoncé. — En conséquence : 1º Il s'engage à respecter les contrats stipulés par la Daïra avec des tiers, conformément à l'état ci-annexé; 2º il s'engage à respecter toutes les servitudes auxquelles sont sujettes les terres du domaine, sans, pour cela, rien réclamer à la Daïra; 3º il s'engage à ne point créer, ni à laisser créer aucune nouvelle servitude à la charge des mêmes terrains, sous peine de dommages-intérêts.

Art. 8. — Dans le cas de troubles qui seraient causés par des tiers, le locataire devra s'adresser en son nom aux autorités compétentes pour les faire cesser, et il ne pourra en aucun cas en rendre responsable la Daïra. Il sera tenu en outre de prévenir la Daïra, en temps utile, de tout empiètement sur le domaine, afin qu'elle puisse prendre telles mesures qu'elle croira utiles dans ses intérêts. Dans le cas de silence ou de retard à dénoncer, il sera tenu aux dommages-intérêts.

Art. 9. — Le fermier devra payer le prix du fermage dans sa totalité, même dans le cas de manque de récolte, soit que la cause en ait été la disette d'eau, à la suite d'une basse-eau du Nil, soit pour toutes autres causes même de force majeure et de cas fortuits et imprévus.

ART. 10. — Dans le cas de décès du locataire, ses héritiers et ayants droit lui seront subrogés dans le présent contrat, dont la durée ne sera pas interrompue par le cas de mort.

ART. 11. — Les parties, usant de la faculté accordée par l'art. 29 du Code de procédure civile et commerciale égyptien, consentent, dès à présent, à soumettre les contestations qui peuvent surgir entre elles et qui sont de la compétence des tribunaux de la réforme, au jugement du tribunal de justice sommaire, pour la célérité de la procédure et déclarent étendre les limites de sa juridiction, quel que soit le chiffre du bail.

ART. 12. — Élection de domicile est faite par le locataire pour l'exécution des présentes et tous autres qui en seraient la conséquence, tant pour lui que pour ses héritiers, dans l'étude de Me L.-A. Déroche, avocat au Caire, maison Zogheb, près de la Poste égyptienne.

ART. 13. — Il est bien entendu que les constructions et travaux d'utilité générale, dont il est question à l'art. 2, sont des constructions et travaux exclusivement agricoles, tels que : ponts, rigoles, syphons et maison d'habitation pour le personnel, et que la Daïra n'aura pas à rembourser, à l'expiration du bail, d'autres travaux.

ART. 14. — Le fermier n'aura pas le droit de s'opposer en quoi que ce soit aux emprunts faits par le gouvernement par voie d'expropriation, pour travaux d'utilité publique auxqels la Daïra aurait donné son consentement ; dans ce cas, il aura seulement droit à une réduction sur le fermage annuel d'une demi-livre égyptienne par feddan exproprié.

ART. 15. — M. Bregante prend l'engagement d'améliorer l'état des terrains du domaine, dans les limites que lui permettront les intérêts de son exploitation.

Cet acte a été transcrit au registre des hypothèques du Caire, le 5 février 1883, numéro 1909, ainsi que le constate la mention mise sur ledit acte sous signatures privées.

Un inventaire descriptif et estimatif des constructions, matériel agricole et bestiaux existant sur ladite propriété, a été dressé entre la Daïra et M. Bregante, le 16 février 1883.

Ledit inventaire sera annexé par original, copie ou extrait conformes aux présentes.

DOMAINE D'ORMAN-ABOU-BALLAH

Le domaine d'Orman–Abou–Ballah contient environ 6,000 feddans (2,520 hectares) de terrain, dont 4,000 ont été déjà mis en culture, il y a quelques années, alors qu'il faisait partie des propriétés de la reine-mère; et une deuxième étendue, de plus de 10,000 feddans, administrativement rattachés à cette exploitation, mais dont la Daïra ne garantit pas la jouissance pendant toute la période du contrat.

Ce magnifique domaine est aujourd'hui longé et traversé, dans toute son étendue, par deux beaux canaux navigables : le canal d'Ismaïlich et le canal allant à Suez. Le premier a 13 mètres de largeur au plafond, 43 mètres à la ligne d'eau et 5 mètres de profondeur; le second a 10 mètres de largeur au plafond, 30 mètres à la ligne d'eau et 3^{m}50 de profondeur. Au moyen de ce dernier canal, on peut se rendre en barque, au port d'Ismaïlia, en trente minutes.

Outre ces deux grandes voies de communication qui le mettent en rapport facile avec le Caire, d'un côté, et Ismaïlia, de l'autre, le domaine est encore en communication directe avec la plupart des villes de la Basse-Egypte, et même avec Suez, par la voie ferrée qui le longe ou le traverse dans toute son étendue, pour aller, de cette dernière ville à Alexandrie, en passant par Zagazig, Benha, Tantah et Damanhour, avec embranchement sur le Caire.

On peut donc affirmer, sans crainte d'être contredit, que pas une propriété en Egypte ne jouit de plus d'avantages pour le transport de ses produits.

Sur les deux canaux ci-dessus mentionnés, il existe déjà six prises d'eau, solidement établies en bonne maçonnerie, avec tuyaux et vannes en fer, permettant de retenir les eaux ou de les distribuer à volonté sur les terrains de la propriété.

Il existe, en outre, sur la propriété, trois grands canaux d'écoulement, dont l'un passe, en aqueduc, sous le canal d'eau douce et sous le chemin de fer allant d'Ismaïlia à Suez, pour se déverser dans le lac de Timsah; l'ensemble de ces divers ouvrages a coûté plus de 600,000 francs, pièces à l'appui, en dehors des grandes dépenses qui ont été faites en canaux, plantations, etc., depuis le 1er février 1883, prise de possession du dit domaine.

Le niveau des deux canaux, sur lesquels sont établies les six prises d'eau dont il est parlé d'autre part, se trouvant plus élevé que les terrains de la propriété, les irrigations peuvent se faire à volonté sur toute leur étendue, sans avoir besoin de la moindre machine élévatoire, ce qui constitue pour l'exploitation du domaine une économie immense, vu la quantité d'eau nécessaire pour une pareille exploitation et le grand prix des charbons en Égypte; de plus, l'arrosage à volonté, chose capitale en Égypte dans l'agriculture, est donc assurée d'une manière absolue et permanente par la concession inattaquable des six prises d'eau susdites.

Toutes les terres de ce domaine, formées par des apports du Nil, mélangées de sable, sont profondes, d'excellente qualité, et propres à tous les genres de culture; on peut, dès aujourd'hui et sans dépenses extraordinaires, en cultiver la plus grande partie, car il existe déjà sur la propriété, en dehors d'une maison de maître parfaitement construite et assez vaste pour pouvoir y loger deux familles, des constructions en maçonnerie, suffisantes pour y recevoir plus de vingt familles arabes ou colons, des hangars, une magnanerie et une mosquée; la seule dépense urgente pour cela sera donc le creusement de quelques canaux secondaires d'irrigation et d'écoulement.

M. Bregante en a obtenu, de la Daïra Sanieh, le fermage à bail, au mois de février 1883, pour une période de douze ou vingt-quatre années.

Par une clause spéciale du bail, il est dit qu'à la fin de la première période, si les parties s'entendent, ce bail sera renouvelé pour une nouvelle période de douze années, et que, dans le cas où il ne serait pas renouvelé, l'excédent dans la valeur des constructions, canaux et autres travaux d'utilité générale, matériel agricole, arbres et bestiaux, sera payé à M. Bregante par la Daïra, en raison de la moitié du prix d'estimation. La plus-value qui existera d'un inventaire à l'autre sera considérable, ce dont il est facile de se rendre compte si l'on considère que, lors de l'inventaire d'*entrée*, toute la propriété était en mauvais état, que les arbres fruitiers et forestiers ont été appréciés en bloc pour une quantité et un prix (416,140 francs) inférieur à la réalité; qu'ils ont déjà acquis, ainsi que les vignes, une plus-value sérieuse, grâce aux soins dont ils ont été l'objet, et à une taille régulière dont ils étaient depuis longtemps privés. Il en est de même des canaux, rigoles d'irrigation, aqueducs, syphons, etc., portés à l'inventaire comme obstrués et qui ont déjà été mis en état.

Enfin, les frais généraux prévus comportent la plantation de 300,000 arbres, qui auront acquis dans douze ans leur complet développement, et dont la moitié de la valeur intégrale devra être remboursée.

D'après des calculs fondés, il est certain que, de tous ces chefs, la Daïra aura à tenir compte, en cas de non renouvellement, d'une somme qui ne saurait être inférieure à 1,000,000 francs, et serait susceptible de s'élever à 2 ou 3 millions de francs; c'est pourquoi il faut considérer le renouvellement comme certain.

Le domaine d'Orman-Abou-Ballah (avec les terrains qui en dépendent) comprend au moins 4,000 feddans, et encore il faut y ajouter qu'il s'y trouve attenant 8 à 10,000 autres feddans de même qualité, et que le plan de délimitation en fait ressortir 18,014 feddans en totalité.

Mais la Daïra, ne payant l'impôt que sur 4,000, n'a voulu en garantir que cette quantité, craignant que le surplus ne soit un jour revendiqué par le gouvernement égyptien.

Laissant de côté, pour le moment, les terrains pouvant être revendiqués par le gouvernement égyptien, ne nous occupons que de Bir-Abou-Ballah, seul; c'est-à-dire de 4,000 feddans. On a vu, par notre projet d'exploitation, les bénéfices qu'on en retirera pendant les dix années de location. Nous parlerons après des avantages qu'il y aurait à l'acquérir à court délai.

DOMAINE D'ORMAN-ABOU-BALLAH

Dans cette entreprise agricole on ne court aucun risque, car en Égypte la terre est la meilleure des garanties. Le sol y est d'une richesse extraordinaire, la croissance des arbres prodigieusement rapide, et la végétation si inouïe, qu'elle assure régulièrement *trois* belles récoltes par année.

Et voici, par suite d'une expérience personnelle de près de vingt ans en Égypte, le produit du minimum sur lequel nous avons lieu de compter pour la période de dix années.

En dehors des sous-locations qui existent actuellement et qui se chiffrent par une somme d'environ 90,000 francs qui s'élèvera bientôt à 160,000 francs.

Reste aussi l'article 2 du bail qui assure à la fin des douze années en cas de non renouvellement au profit du preneur, soit que le bail finisse avec la Daïra, soit qu'il soit continué pour M. Bregante, le remboursement de la moitié de la plus-value qui résultera de l'expertise estimative faite à l'entrée et à la sortie, constitue un avantage très sérieux par la plus-value des arbres, plantations, constructions, canaux, etc.

Nous pouvons donc répartir ainsi les revenus calculés après une grande réduction.

Frais pendant les dix années restant à courir pour la première période du bail.

1re ANNÉE :

    Redevance de première année.......... 52.000 f »

    Impôt sur 4,000 feddans.............. 9.200 »

    Frais généraux, personnel dirigeant,

      ouvriers, etc...................... 80.000 »

    Frais d'installation, etc.............. 10.000 »   151.200 f »

2e ANNÉE :

    Redevance.................... 52.000 »

    Impôt sur 4,000 feddans.......... 9.200 »

    Frais généraux.................. 85.000 »   146.200 »

3e ANNÉE :

    Redevance.................... 52.000 »

    Impôt sur 6,000 feddans.......... 13.800 »

    Frais généraux.................. 85.000 »   150.800 »

4e ANNÉE :

    Mêmes frais et dépenses..................... 150.800 »

5e ANNÉE :

    Mêmes frais et dépenses..................... 150.800 »

6e ANNÉE :

    Mêmes frais et dépenses..................... 150.800 »

7e ANNÉE :

    Mêmes frais et dépenses..................... 150.800 »

8e ANNÉE :

    Mêmes frais et dépenses..................... 150.800 »

9e ANNÉE :

    Mêmes frais et dépenses..................... 150.800 »

10e ANNÉE :

    Mêmes frais et dépenses..................... 150.800 »

                Total des frais..... 1.503.800 f »

Revenus pendant les dix années.

1re ANNÉE :

    Produit des locations................. 90.000 f »

    Produit de 25 hectares de ramie....... 35.000 »

    Produit d'arachides sur 50 hectares.... 45.000 »

    Produit de pommes de terre, fruits et

      légumes........................ 90.000 »

    Produit de 10,000 pieds de ricins : 5 kil.

      de graines par arbre à 25 fr. les 100 kil.,

      sur 50,000 kil................... 12.500 »

    Produit des perches, branchages et bois

      de chauffage.................... 10.000 »   282.500 »

                A reporter........... 282.500 »

Report............... 282.500 »

2e Année :

Produit des locations.................	160.000	»
Produit de 40 hectares de ramie.......	56.000	»
Produit de 100 hectares d'arachides....	90.000	»
Produit de pommes de terre, fruits et légumes......................	90.000	»
Produit de 50,000 pieds de ricins : 5 kil. de graines par arbre, sur 250,000 kil.	62.500	»
Produit du bois	10.000	»

468.500 »

3e Année :

Produit des sous-locations............	160.000	»
Produit de 60 hectares de ramie.......	84.008	»
Produit des arachides................	90.000	»
Produit des pommes de terre, fruits et légumes......................	90.000	»
Produit de 100,000 pieds de ricins....	125.000	»
Produit du bois....................	10.000	»

559.000 »

4e Année :

Produit des sous-locations............	160.000	»
Produit de 100 hectares de ramie......	140.000	»
Produit des arachides................	90.000	»
Produit des pommes de terre, fruits et légumes......................	90.000	»
Produit de 100,000 pieds de ricins....	125.000	»
Produit du bois....................	10.000	»

615.000 »

5e Année :

Mêmes revenus..................... 615.000 »

6e Année :

Mêmes revenus..................... 615.000 »

7e Année :

Mêmes revenus..................... 615.000 »

8e Année :

Mêmes revenus..................... 615.000 »

9e Année :

Mêmes revenus..................... 615.000 »

10e Année :

Mêmes revenus..................... 615.000 »

Total des recettes brutes..... 5.615.000^f »

A déduire : Frais généraux, impôts, etc... 1.503.800 »

Reste pour bénéfice net..... 4.111.200^f »

Les chiffres qu'on vient de lire n'ont rien d'exagéré ; ils sont basés sur des rapports statistiques et des documents officiels et sur des données puisées, pour la valeur des produits, auprès des Chambres de commerce du Havre, de Marseille, de Liverpool, etc., etc. Les prix donnés ici sont même très inférieurs à ceux donnés par les Chambres de commerce, chacun peut s'en assurer. De pareils bénéfices semblent tout d'abord incroyables, et ce sont, cependant, ceux que donneront, en Egypte, les cultures industrielles avec un bon système d'irrigation.

RAMIE, ARACHIDES & RICIN

RAMIE

Le climat, le terrain et la facilité de l'irrigation se réunissant pour en assurer les résultats, nous avons le produit de la ramie à mettre tout d'abord en évidence.

Cette plante est vivace et l'écorce, comme le chanvre et le lin, fournit une fibre textile, mais bien supérieure à ces dernières par sa fibre possédant une grande ténacité en résistance, et par sa couleur blanche et d'un brillant nacré qui la fait ressembler à la soie.

Et aujourd'hui que les difficultés inhérentes à ses applications industrielles ont été vaincues, elle est appelée à remplir le premier rôle.

Par suite d'expériences faites en Égypte, la ramie peut produire en moyenne 1,200 kilogr. de lanières par feddan, simplement décortiquée, ce qui, au prix de 60 c. le kilogr., auquel dès ce moment l'Angleterre, la France, la Belgique, la Hollande et l'Allemagne, sont prêtes à se constituer acquéreurs, donnerait la somme de 720 francs par feddan, soit, en destinant seulement 300 feddans à cette culture, une recette de 216,000 francs par année. En Égypte, où la gelée et la glace sont inconnues, on obtiendra au moins trois coupes annuelles de ramie.

Pour cela, le terrain doit être profond et parfaitement ameublé, et les terrains que nous apportons, par suite de nombreux sondages que nous avons fait exécuter sur plus de 2 mètres de profondeur , accusent une terre argilo-sablonneuse et, contrairement à beaucoup de terres de la Basse-Égypte , celles-ci ne contiennent pas un atome de sel.

RICIN & ARACHIDES

La culture du ricin et des arachides en Égypte, l'expérience en est faite depuis plus de cinquante ans, donne les plus beaux résultats; dès la fin de la première année, les ricins, qui poussent avec une rapidité extraordinaire produisent, en moyenne, 5 kilogr. de graines par pied chaque année, laquelle graine s'est vendue, ces deux dernières années 35 francs les 100 kilog. Des maisons de Marseille et de Londres nous ont offert à nous-mêmes de passer des contrats pour telle quantité que nous voudrions, au prix de 30 à 35 francs les 100 kilogr. rendus à bord à Alexandrie et 25 francs pour les arachides.

Paris, le

J. BREGANTE.

PROPRIÉTÉ DE BIR-ABOU-BALLAH

PRÈS ISMAILIA

(Basse-Égypte)

— ∞∞∞ —

EXTRAIT DU RAPPORT

Sur le Projet d'exploitation du Domaine de Bir-Abou-Ballah

Près Ismaïlia (Basse-Égypte)

Par M. H. GALLO,

Ingénieur civil, ancien élève de l'Ecole centrale des Arts et Manufactures de Paris, ancien ingénieur des Sucreries de S. A. Ismaïl Ier, Membre sociétaire fondateur et secrétaire de la Société des Ingénieurs et des Architectes d'Alexandrie.

Avec approbation de S. E. ADRIEN BEY,

Ingénieur civil, ancien élève de l'Ecole centrale des Arts et Manufactures de Paris, ancien Directeur de l'Exploitation agricole de Youssouf-Bey-Nabarouy; actuellement Ingénieur-Inspecteur des Etudes des provinces de l'est de la Basse-Egypte et Administrateur de la Brasserie française de l'Egypte.

INTRODUCTION

M. Bregante m'ayant soumis son projet sur l'exploitation agricole du domaine de Bir-Abou-Ballah, près Ismaïlia, m'a prié de donner, à ce sujet, mon opinion, non sur la réussite certaine de cette exploitation, cela étant inutile en Égypte, mais sur le nouveau système d'arrosage ainsi que sur les nouvelles cultures qu'il veut y introduire.

Mon expérience et les nombreux travaux agricoles auxquels j'ai participé dans ce pays m'ont permis de répondre à son appel. La tâche n'est pas difficile pour moi dans un pays aussi riche que l'Égypte pour tout ce qui tient à l'agriculture.

C'est donc avec la plus grande impartialité et dans le but de rendre hommage à la vérité que j'ai rédigé le rapport suivant, qui peut, sans craindre aucune contradiction, être lu par tous ceux qui ont quelque compétence sur l'agriculture en Égypte.

Signé : H. GALLO.

I.

La propriété de Bir-Abou-Ballah est située dans des conditions exceptionnellement bonnes pour y créer une exploitation agricole d'une grande importance. Elle s'étend depuis l'Ouady, à l'ouest, jusqu'au Sérapeum, à l'est. Elle a la forme d'un grand rectangle allongé. Sa limite nord est le grand canal Ismaïlieh depuis l'Ouady jusqu'à Néfiche, et le canal d'eau douce de Suez depuis Néfiche jusqu'au Sérapeum. Elle est limitée, au sud, par une série de monticules qui se boisent rapidement depuis la création de cette propriété et qui servent d'abri contre les vents du désert. A l'Est, elle est bornée par une plaine immense qui s'étend jusqu'à Suez et qui ne demande que l'eau du canal qui la borde au nord pour être fécondée. A l'ouest, c'est la riche propriété de l'Ouady qui en forme la limite.

Les deux canaux d'eau douce qui forment la limite nord, servent à l'alimentation de la propriété à l'aide de plusieurs grands vannages répartis sur toute la longueur; car ces canaux, même à l'étiage, ont le niveau de leurs eaux bien au-dessus des terrains qu'ils arrosent, ce qui est un grand avantage pour une exploitation de ce genre, puisque cela annule les dépenses considérables de l'élévation de l'eau par des machines à vapeur.

Les deux canaux d'Ismaïlieh et de Suez sont naviguables; en outre, ils sont bordés, celui d'Ismaïlieh, par le chemin de fer du Caire à

Ismaïlia en passant par Zagazig où se trouve l'embranchement pour Alexandrie ; celui de Suez, par le chemin de fer d'Ismaïlia à Suez. Ces deux lignes ont pour point commun à la gare de Néfiche, qui touche à la propriété de Bir-Abou-Ballah et qui n'est qu'à cinq minutes de la ville et du port d'Ismaïlia, en chemin de fer. De plus les canaux d'Ismaïlia et de Suez ont, comme les chemins de fer, leur jonction à Néfiche même. C'est-à-dire que, de la propriété de Bir-Abou-Ballah, on peut aller en chemin de fer sur tous les points de l'Égypte et, en bateau à vapeur ou en barque, au Caire, à Suez et à Port-Saïd en éclusant à Ismaïlia pour entrer dans le canal maritime. Il est incontestable qu'il y a peu de propriétés au monde jouissant d'aussi grands avantages.

La terre de cette propriété, de qualité argilo-sablonneuse, est la meilleure de toute la Basse-Égypte. Elle forme, par sa nature même, un ameublissement naturel par le mélange du sable au limon du Nil. C'est cette terre qui fut autrefois la vallée de Gessen, bien connue par l'Écriture ancienne pour sa luxuriante végétation, qui était proverbiale chez les peuples d'alors.

Il n'y a pas dans toute la Basse-Égypte de terres rapportant de plus belles récoltes et qui soient, en même temps, aussi boisées malgré le système défectueux actuel des irrigations et des écoulements. Dans cette propriété, les arbres, tant fruitiers, tels que : orangers, citronniers, dattiers, figuiers, vignes, pommiers, poiriers, pêchers, abricotiers, etc., etc., que de haute futaie, tels que : acacias, gommiers d'Arabie, lebaks, filaos des Indes, etc., etc., se comptent par centaines de mille.

Cette contrée est tellement favorisée par son climat et la faculté de l'arrosage à volonté, que toutes les plantes des pays tempérées, comme de la zone intertropicale, s'y acclimatent et prospèrent d'une manière prodigieuse.

Cette propriété de Bir-Abou-Ballah appartenait autrefois à la Compagnie Universelle du Canal maritime de Suez, qui en fit cadeau à l'émir Abd-el-Kater. C'était alors le bois de Boulogne de toutes les familles habitant Ismaïlia et les campements voisins. C'est là, à l'ombre des grands arbres et sur les pelouses toujours vertes, que les familles venaient, les dimanches et les jours de fêtes, se défatiguer de la vue monotone de leur petite ville et respirer à pleins poumons l'air pur et vivifiant de cette riche campagne. Tous les employés du canal de Suez qui ont habité les environs d'Ismaïlia se rappellent toujours avec bonheur le nom de Bir-Abou-Ballah.

L'émir Abd-el-Kader préféra laisser cette propriété que d'en priver les employés qui, par le fait, en jouissaient à leur guise à cette époque.

Plus tard, la Compagnie Universelle du Canal maritime de Suez, qui avait alors en sa possession une zone très large de terrain de chaque côté du canal maritime, eut l'heureuse idée d'étendre la propriété de Bir-Abou-Ballah vers Suez, en y faisant d'immenses plantations. Ce fut M. Bregante que l'illustre président M. F. de Lesseps, choisit pour la direction de ce grand travail. M. Bregante fit des merveilles et dépassa de beaucoup les espérances de la Compagnie Universelle. Des millions de plantes furent apportées et plantées par les soins de M. Bregante. Tout prospérait, et dans quelques années, M. Bregante serait arrivé à faire une vaste forêt entre Ismaïlia et Suez s'il n'avait été arrêté dans ses grands travaux par la vente à S. A. Ismaël Pacha de tous les terrains et campements bordant le canal maritime. Au grand désespoir de M. Bregante, les plantations furent abandonnées, Bir-Abou-Ballah fut délaissé. Cette propriété si belle se changea en jachère. L'eau, cet élément indispensable à l'agriculture, en Égypte surtout, s'écoula dans les canaux en laissant les arbres et les plantes se dessécher sur leurs pieds. S. A. Ismaël Pacha, informé de cet état de choses et affligé de voir une aussi belle propriété tomber en ruine, fit présent de Bir-Abou-Ballah à la reine-mère. Immédiatement cette princesse y installa tout un personnel sous les ordres d'un nazir (intendant-régisseur). On fit des travaux considérables. On dépensa près d'un million de francs en améliorations de toutes sortes: seulement, à l'exception des vannages de prises d'eau, qui furent faits à l'européenne, les canaux d'irrigation et d'écoulement furent exécutés d'après le système arabe, c'est-à-dire sans intelligence et sans calcul. Malgré cela, Bir-Abou-Ballah donna des rendements extraordinaires. On y fit d'excellentes récoltes en coton, cannes à sucre, céréales, fruits de toutes sortes, etc. On enleva tous les arbres que la sécheresse avait détruits. Ceux qui restèrent prirent un développement colossal que l'on peut encore admirer aujourd'hui.

Après l'abdication d'Ismaël-Pacha, cette propriété fut, sinon délaissée, du moins très négligée. Un nazir fut cependant conservé jusqu'à ce jour, mais on fut obligé de diminuer le personnel agricole. Des raisons d'économie mirent obstacle à la continuation des améliorations, qui étaient cependant en très bonne voie. En un mot, la propriété de Bir-Abou-Ballah a besoin d'un agronome intelligent pour lui rendre son ancienne splendeur, et cet agronome ne pouvait mieux se trouver que dans la personne de M. Bregante. . . . .

II

M. Bregante se propose le système suivant pour l'exploitation agricole du domaine de Bir-Abou-Ballak :

1° Location aux Arabes pour les cultures ordinaires du pays ;
2° Culture de la ramie ;
3° Deux cent mille pieds de ricins ;
4° Cent mille pieds de ficus-élastica ;
5° Acacias et plantes diverses.

L'idée de M. Bregante est on ne peut plus pratique pour une grande exploitation agricole en Égypte.

La ramie, dont M. Bregante se propose la culture, a été essayée en Égypte ; de nombreuses expériences ont démontré qu'elle pouvait être cultivée avec succès sur le sol égyptien, si riche et si fertile.

« La ramie est une sorte d'arbuste ; elle atteint son complet développement en trois années et fournit trois, quatre et même quelquefois cinq récoltes par an, c'est-à-dire cinq coupes, car la plante reste fixée au sol et n'est jamais arrachée.

« Un feddan planté de ramie peut donner un rapport de quarante livres sterling par an. »

Le ricin est un arbre qui croît en Égypte d'une manière extraordinaire ; on a même dû le supprimer des jardins à cause de la grande quantité de graines qu'il produit et qui, n'étant pas cueillies, se répandaient sur la terre où elles prenaient immédiatement racine et finissaient, en très peu de temps, par envahir en entier tout le terrain sur un rayon de plus de dix mètres du pied de la plante-mère. En Égypte, le ricin n'a pas de saison ; il produit continuellement et la quantité de graines qu'il donne est extraordinaire. Dans la haute et la moyenne Égypte, cette plante pousse partout à l'état sauvage. Les Arabes, ou plutôt les nègres de ce pays, utilisent l'huile qu'ils en extraient grossièrement à s'enduire le corps pour le préserver des rayons du soleil et des insectes de toutes sortes qui y foisonnent et que l'odeur forte de cette huile chasse.

Quant aux débouchés des graines de ricin, ils sont assurés, surtout aujourd'hui où cette huile est mise tout à fait en usage par l'industrie mécanique.

Le Ficus-Elastica est, depuis bien des années, acclimaté au sol de l'Égypte. Il semble que l'eau du Nil lui est beaucoup plus favorable que toutes celles qu'il reçoit dans son pays d'origine. Ici, il croît d'une manière prodigieuse et acquiert au bout de quelques années un développement considérable en hauteur et en grosseur. Sa sève est plus abondante en Égypte que partout ailleurs. On ne peut certainement attribuer ce phénomène qu'aux eaux bienfaisantes du Nil, et, aussi, à la qualité des terres de ce pays. Cet arbre est appelé à jouer un grand rôle dans les productions de l'Égypte où, actuellement, il n'est employé que comme arbre d'ornement pour les jardins et de plantation pour la promenade.

Le caoutchouc, que cet arbre produit en abondance, ne laisse aucun doute sur l'écoulement rapide de ce produit, partout, dans le monde entier, il est recherché, et c'est avec beaucoup de peine qu'on peut s'en procurer en quantité suffisante relativement à ses nombreuses applications.

L'eucalyptus, ce géant de la végétation, comme l'appelle M. Bregante, est aujourd'hui trop connu pour qu'il soit nécessaire de s'étendre sur ses qualités, qui sont si nombreuses et si variées, qu'il faudrait un volume et toute la science d'un agronome pour lui rendre ce qui lui est dû. Disons cependant que l'Égypte est on ne peut plus favorable au développement extraordinaire de cette essence d'arbre. Il est déjà bien cultivé dans ce pays et il n'y a guère de propriétés dans la Basse-Égypte sans eucalyptus. Mais, jusqu'à présent, personne n'a encore eu l'idée d'en faire un commerce. Aussi peut-on prédire à M. Bregante de grands et beaux résultats, en étendant la culture de cet arbre si utile dans un pays où les bois de construction et de chauffage manquent absolument.

L'Égypte est cependant le pays qui se prête le mieux au boisement; mais, pour cela, il faut que les Européens montrent l'exemple. L'indigène est loin d'avoir nos idées et notre tempérament ; il ne sèmera jamais un gland pour en récolter un chêne, il trouve que c'est trop long à venir. Pour lui, il faut que ce qu'il sème rapporte de suite, et c'est ce qui fait que le pays est si nu. Tous les arbres qu'on voit en Égypte ont été, en général, plantés par les soins du Gouvernement, des riches propriétaires ou bien sont venus seuls. Dans les campagnes, les arbres poussent et se conduisent d'eux-mêmes ; l'élagage y est inconnu et, pour que les paysans se décident à couper une branche d'arbre, il faut qu'elle leur soit réellement indispensable. Ils considèrent les arbres comme de vastes ombrelles qui les abritent, eux et les animaux, contre l'ardeur du soleil, et ils n'ont pas l'air de se douter qu'on pourrait les employer à autre chose.

Quant aux autres essences d'arbres qu'on peut planter en Égypte et dont la réussite est assurée à l'avance, il faudrait en faire un long catalogue. Il suffit de venir dans ce pays pour être convaincu que, nulle part ailleurs, la végétation est aussi luxuriante. Aussi est-ce avec le plus vif intérêt que j'ai examiné en ses détails le projet de M. Bregante, et c'est avec la plus grande confiance qu'on peut, dès à présent, se prononcer sur la prospérité incontestable du domaine de Bir-Abou-Ballah.

III

Dans les documents qui m'ont été communiqués par M. Bregante, on trouve que, malgré l'incontestabilité de ses chiffres, il arrive à des résultats qui pourraient surprendre les personnes qui ne connaissent pas l'Égypte. Pour faire cesser tout étonnement à cet égard, je vais prendre au hasard 4,000 feddans dans la propriété de Bir-Abou-Ballah en laissant de côté le produit de tous les arbres qui y existent et en lui appliquant la culture indigène, sans tenir compte des améliorations qu'entraînera nécessairement le nouveau système d'irrigation et d'écoulement, c'est-à-dire que je vais adopter la culture arabe, faite par les Arabes et avec le système arabe. Je me baserai sur des moyennes de rendement irréfutables, puisqu'elles font partie des documents officiels de la Bourse d'Alexandrie.

Pour cela faire, je diviserai la propriété en quatre sections, en réservant l'une d'elles à la ramie, dont la culture et les produits sont aujourd'hui bien connus en Égypte.

1re *Section*. — 1,000 feddans en ramie, quatre coupes par an, à 1,200 francs par feddan. . . . . 1.200.000 fr.

2me *Section*. — 1,000 feddans en cannes à sucre, une seule récolte produisant 250 francs par feddan. . 520.000

3me *Section*. — 1,000 feddans, riz et fèves, deux récoltes seulement, une de chaque, donnant ensemble 550 francs par feddan. 550.000

4me *Section*. — 1,000 feddans en coton et bersim, produisant ensemble, par feddan, 360 francs 360.000

TOTAL DES REVENUS PAR ANNÉE. . . 2.630.000 fr.

Ces résultats sont dépassés de beaucoup par les agriculteurs intelligents et ayant un système d'irrigation moins mal établi que la généralité. C'est donc une petite moyenne pour la Basse-Égypte.

Si l'on considère maintenant que le domaine de Bir-Abou-Ballah possède une terre de premier choix ; que le système d'irrigation qu'on va lui appliquer est tout ce qu'il y a de plus perfectionné, de plus pratique et de plus économique en même temps ; que les genres de culture que M. Bregante va y introduire donneront un rendement d'une richesse incontestable, on ne sera plus étonné des chiffres qu'il a prévus, et nous, qui connaissons la terre d'Égypte et ce qu'elle peut rapporter quand on sait la cultiver, nous ne craignons pas d'affirmer hautement que les bénéfices prévus par M. Bregante seront dépassés de beaucoup.

M. Bregante peut encore se livrer à l'engraissement du bétail et créer, pour cela, de très belles prairies, qui ne manqueraient pas de donner aux animaux une nourriture saine et abondante. En admettant même que les bénéfices de l'engraissage soient nuls, il y aurait toujours une grande compensation dans l'engrais qu'on en retirerait et qui augmenterait encore la fertilité des terres. Du reste, toute exploitation agricole, quelle que soit son importance, exige un certain nombre d'animaux, dont la nourriture coûte relativement très peu, attendu que, s'ils n'existaient pas, une grande quantité d'herbes et de plantes qui forment une grande partie de leur nourriture seraient, non seulement perdues, mais encombreraient même la propriété. C'est donc une nécessité d'avoir un certain nombre d'herbivores dans une propriété.

En résumé, la propriété de Bir–Abou–Ballah est appelée à donner les meilleurs résultats et à apporter à une société des bénéfices que l'agriculture en Egypte peut seule offrir; il est vrai qu'il y aura des dépenses à faire pour améliorer complètement cette propriété. Mais, où peut-on mieux placer son argent que dans une affaire semblable ?

Fait à Alexandrie le 25 janvier 1883. *Signé :* H. GALLO.

Ingénieur civil, etc., etc.

Vu pour la légalisation de la signature apposée ci-dessus de M. H. Gallo, ingénieur civil.

Alexandrie, le 25 janvier 1883. *Le Consul de France,*

Signé : MONGE.

Appelé à donner mon avis sur le projet d'exploitation agricole du domaine de Bir-Abou-Ballah, près Ismaïlia, c'est avec la plus grande confiance dans une réussite certaine que j'approuve de tous points le rapport de M. Gallo et ses conclusions.

Alexandrie, le 26 janvier 1883. *Signé :* ADRIEN BEY,

Ingénieur civil, etc., etc.

Le Consul de France à Alexandrie certifie véritable la signature apposée ci-dessus de M. Adrien Bey, ingénieur civil français.

Alexandrie, le 26 janvier 1883. *Le Consul de France,*

Signé : MONGE.

Projet d'Acquisition Éventuel

DU DOMAINE

D'ORMAN-ABOU-BALLAH

Le domaine, avec les terres qui y sont attenantes, comprend au moins 14,000 feddans, bien que la Daïra ne veuille garantir que la contenance de 4,000.

On verra, par notre projet d'exploitation, les bénéfices qu'on en retirera pendant les dix années de location. Voyons maintenant les avantages qu'il y aurait à l'acquérir à court délai, au lieu de se contenter d'en rester les fermiers.

En admettant le prix de 1,400,000 francs pour le domaine, y compris 10,000 feddans en plus et y attenant, cela donne le prix de 100 francs le feddan.

Premier bénéfice. — Il se trouve actuellement, sur la propriété de Bir-Abou-Ballah, une quantité de bois suffisante pour payer au moins le tiers de son prix d'achat, si on y faisait coupe rase; de là un bénéfice net de 500,000 francs, réalisé de suite par le seul effet de l'achat de la propriété.

Deuxième bénéfice. — Il est incontestable que, pour ces terres, l'installation d'un système d'irrigation perfectionné en quadruplera la valeur, et que, par conséquent, le feddan vaudra au minimum 400 francs. Or, nous trouverions immédiatement à en vendre, à ce prix-là, une grande quantité si nous voulions. Mettons, par exemple, 3,000 feddans seulement, au prix de 400 francs, soit encore, sur ce chef, une recette de 1,200,000 francs.

La réalisation de ces premiers bénéfices est certaine, car on trouvera dix acheteurs pour un, dès que le domaine aura été mis en bon état de culture.

Outre les bénéfices ci-dessus réalisables, à volonté, il nous sera possible, après une dépense de 150,000 francs au plus, de mettre dès la deuxième année, en location, au moins 10,000 feddans de terrain, en moyenne, au prix de 50 francs par feddan, ce qui donnerait un revenu annuel de 500,000 francs, susceptible d'une augmentation de 10 à 15 % d'année en année, sur le prix de location.

Une propriété de pareille étendue, d'un seul tenant, c'est-à-dire n'étant divisée que par quelques dunes, composées d'excellentes terres, autrefois la vallée de Gessen, irrigable à volonté, sans frais de machines élévatoires, située dans une position géographique unique au monde, donnera des résultats incalculables. Ce n'est pas une affaire aléatoire, mais sûre, car elle existe et offre déjà, dès le début, des bénéfices importants. Il est donc permis d'affirmer, sans crainte d'être contredit, que l'acquisition de ce domaine, avec toutes les terres y attenant, formerait une entreprise sûre et entourée de toutes les chances de succès, car elle ne repose point sur des bases hypothétiques, mais bien sur des réalités.

En effet, indépendamment de tous les produits agricoles et industriels qu'on en retirera, on pourra encore y faire en grand l'élevage des bestiaux qui font tellement défaut en Égypte, qu'il faut les faire venir journellement, à grands frais, de Syrie, de Trieste, de Malte et d'ailleurs.

Quant aux fruits et aux légumes, l'expérience a prouvé qu'on peut y en faire venir autant qu'on veut, et leur écoulement est toujours assuré, car tous les bateaux, transitant par le canal de l'isthme de Suez, sont obligés d'en faire d'énormes provisions, soit à Suez, soit à Port-Saïd, de quelque côté qu'ils viennent.

En dehors des avantages financiers que présente l'acquisition du domaine d'Orman-Abou-Ballah, avec les terrains qui en dépendent, nous ne devons pas oublier que cette propriété, intelligemment exploitée, va devenir un établissement de premier ordre, appelé forcément par sa position géographique à exercer, sur tout le parcours de l'isthme de Suez, une influence prépondérante au profit de la nation qui la possédera. Nous devrions donc, nous, Français, pour cette seule raison, faire tous nos efforts pour en devenir les propriétaires; et qui sait enfin, les services qu'il peut rendre un jour à notre pays.

4454. — Paris. — Imprimerie brevetée A. MICHELS, passage du Caire, 8 et 10.

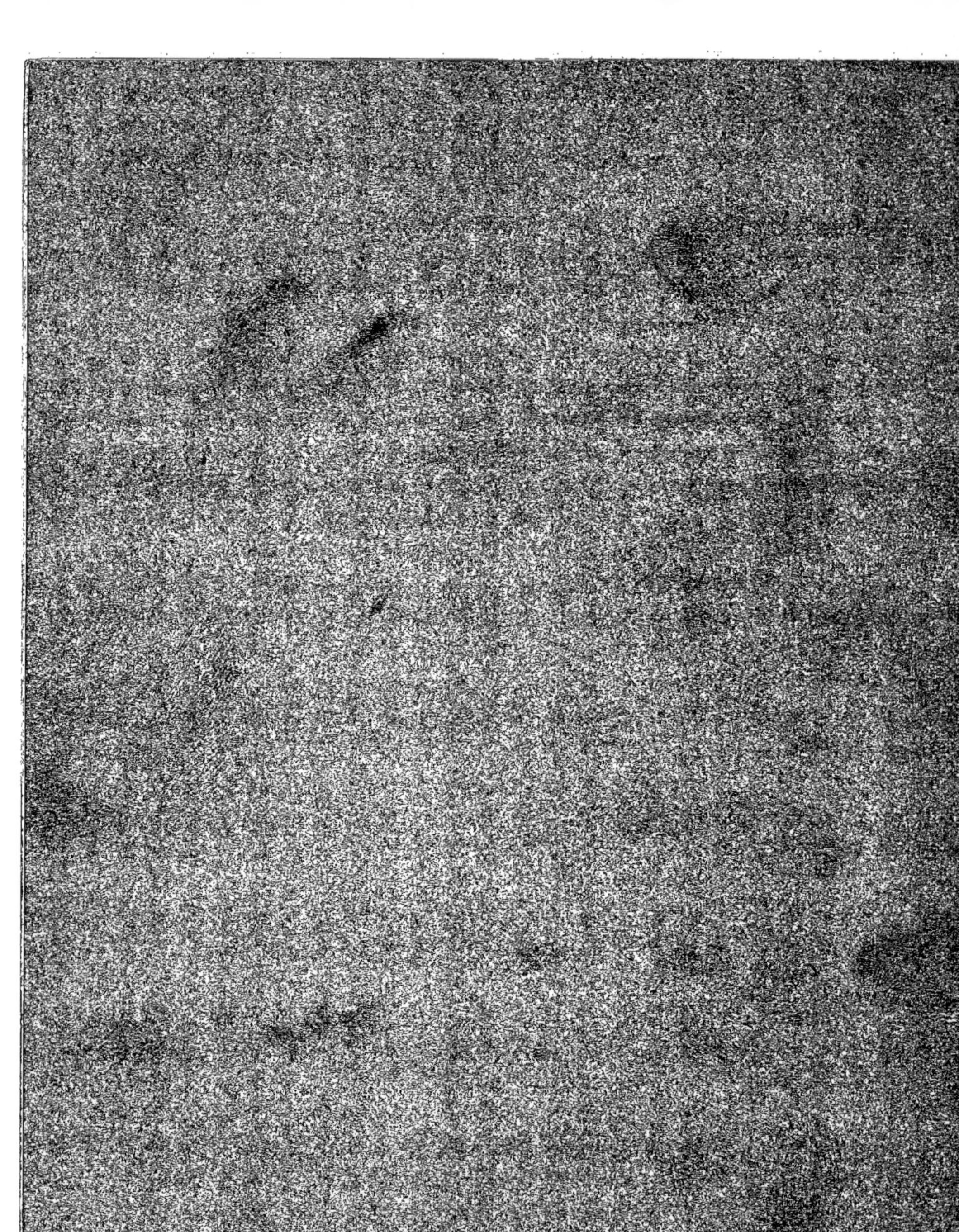